AF313628

ESSAI SUR L'HISTOIRE

DE LA

SÉRICICULTURE

ET SUR LA MALADIE ACTUELLE

DES VERS A SOIE

PAR

A. DE QUATREFAGES

MEMBRE DE L'INSTITUT (ACADÉMIE DES SCIENCES)

PARIS

<table>
<tr><td>VICTOR MASSON
LIBRAIRE-ÉDITEUR
PLACE DE L'ÉCOLE-DE-MÉDECINE</td><td>CH. MEYRUEIS ET Ce
LIBRAIRES-ÉDITEURS
174, RUE DE RIVOLI</td></tr>
</table>

1860

PARIS. — TYPOGRAPHIE DE CH. MEYRUEIS ET Cⁱᵉ
RUE DES GRÈS, 11

AVERTISSEMENT

Cet Essai a paru d'abord sous un autre titre dans la *Revue des Deux-Mondes* [1]. Quelques personnes ont pensé qu'il pourrait être utile aux populations séricicoles dont l'industrie est atteinte par l'épidémie actuelle, en leur présentant dans un petit nombre de pages le résumé de faits, de considérations et de conseils que j'ai développés ailleurs. Voilà comment cet article a été réimprimé. Je me suis borné à y ajouter quelques notes. Puisse ce petit travail faire en effet le bien qu'en attendent ceux qui ont pris l'initiative de cette publication.

[1] *Animaux utiles. — Le ver à soie.* Livraison du 1er mars 1860.

ESSAI SUR L'HISTOIRE

DE LA

SÉRICICULTURE

ET SUR LA MALADIE ACTUELLE

DES VERS A SOIE

Qui ne connaît le *bombyx mori* des naturalistes, le ver à soie de tout le monde? qui ne sait que, semblable en cela à tous les lépidoptères, cet insecte, successivement chenille, chrysalide et papillon, parcourt en quelque sorte trois existences différentes? qui ne sait encore que, vers la fin de la première période de cette singulière vie, la chenille, comme si elle sentait approcher le sommeil merveilleux pendant lequel l'organisme subit une refonte complète, tisse son cocon, ou, en d'autres termes, s'enveloppe d'une sorte de peloton creux, enroulé de dehors en dedans, et dont le fil, mesuré par Malpighi et Lyonnet, n'a pas moins de 300 mètres de long? A qui est-il besoin de rappeler que ce peloton, dévidé, filé, mouliné, ouvré par des procédés de plus en plus parfaits, se transforme successivement en soie grége, en organsin, et produit en définitive ces tissus qui, modestes ou riches, élégants ou somptueux, ont porté dans l'univers entier les noms de Lyon, de Saint-Etienne, de Nimes, et sont une des gloires les plus incontestées de la France industrielle?

On connaît généralement beaucoup moins l'histoire de la sériciculture, c'est-à-dire de l'art d'élever ce précieux insecte, et pourtant elle nous présente un intérêt puissant, des enseignements bien dignes d'être médités. Confinés pendant nous ne savons combien de siècles dans l'extrême Orient, le ver à soie et le mûrier, ces deux compagnons inséparables, partent un jour de leur lointaine patrie et commencent un voyage, ou mieux une conquête pacifique, qui d'étape en étape leur a fait accomplir le tour du monde. Partout ils apportent aux nations qui les accueillent des éléments nouveaux de prospérité : ils changent en bien-être, en richesse peut-on dire, la pauvreté séculaire de populations entières ; ils activent le commerce et lui créent des branches nouvelles ; ils surexcitent l'esprit d'invention et lui font accomplir des prodiges. Ces bienfaits, il est vrai, ont leurs dangers pour ceux qui les acceptent avec imprévoyance, et prennent l'habitude d'évaluer toujours les succès du lendemain d'après ceux de la veille. Comme toutes les industries, celles qui se rattachent à l'exploitation du mûrier et du ver à soie ont leurs périodes de prospérité et leurs jours de revers. La sériciculture elle aussi a eu parfois à payer un douloureux tribut; elle traverse en ce moment une épreuve terrible. Rappeler ce qu'elle a été dans les siècles passés, ce qu'elle était devenue en France, dire ce qu'elle est aujourd'hui, ce qu'elle peut espérer ou craindre dans l'avenir, tel est le but de ce travail [1].

I

Quelle est la patrie première du ver à soie? En réponse à cette question, la plupart des naturalistes, et Latreille en tête, n'hésitent pas à désigner

---

[1] Pour esquisser cette histoire de la sériciculture, j'ai consulté principalement le travail de M. de Gasparin, intitulé : *Essai sur l'histoire de l'Introduction du Ver à soie en Europe*. Aux documents renfermés dans cet ouvrage, j'ai ajouté ceux que m'ont fournis le *Théâtre de l'Agriculture* d'Olivier de Serres, les mémoires de l'abbé de Sauvages et divers écrits de MM. Desnoyers (*Rapport sur les communications faites par divers correspondants du ministère, et particulièrement sur la culture du mûrier et des vers à soie au commencement du dix-septième siècle*), Duchartre (article *Mûrier* dans le *Dictionnaire universel des Sciences naturelles*), Pauthier (*Résumé de l'histoire et de la civilisation chinoise*), Grimaud de Caux (articles publiés dans l'*Union* et reproduits par le *Commerce séricicole*), Pardessus (*Mémoire sur le Commerce de la soie chez les anciens*), Grognier (*Recherches historiques et statistiques sur le mûrier, le ver à soie et la fabrication de la soierie*), Fraissinet (*Guide du Magnanier*), Duseigneur (*Maladie des vers à soie; Inventaire de 1858*), Cornalia (*Rapport de la commission de l'Institut lombard*). Notre illustre sinologue, M. Stanislas Julien, a levé les difficultés résultant de quelques contradictions qu'on rencontre dans les auteurs qui ont écrit sur les origines de la sériciculture chinoise. Enfin une foule de renseignements oraux, dont je citerai les principaux au fur et à mesure, ont éclairci bien des faits de détail.

1*

la Chine septentrionale; mais peut-être cette indication est-elle trop restreinte. Si les *King* nous
montrent la sériciculture déjà existante dans les
temps à demi fabuleux des Yao et des Chun, le code
de Manou nous enseigne que les Aryans connais-
saient la soie à une époque bien reculée aussi. La
recevaient-ils tout ouvrée des mains des Chinois,
ou bien avaient-ils emprunté à ces derniers l'insecte qui la produit et les enseignements séricicoles nécessaires? Cette dernière opinion est généralement adoptée; elle se fonde principalement
sur la croyance que le mûrier, auquel se rattache
intimement l'existence du *bombyx mori*, ne vit à
l'état sauvage que dans le nord de la Chine. C'est
de là, pensait-on, que l'arbre et l'insecte auraient
été transportés dans l'Inde, où la culture seule les
aurait propagés. Depuis quelques années, cependant, l'aire d'habitation du mûrier sauvage s'est
considérablement étendue. Les Anglais l'ont rencontré sur les pentes de l'Himalaya oriental, et
tout récemment M. A. Bunge, professeur à Dorpat,
vient de le découvrir en Perse [1]. Il n'y aurait donc
rien d'étonnant à ce que le ver à soie fût originaire
des régions élevées de l'Inde aussi bien que des
plaines arrosées par le fleuve Jaune, et que les
Aryans de l'Inde eussent trouvé la sériciculture
tout aussi bien que les Chinois.

Ces derniers font remonter à l'antiquité la plus
reculée leurs titres de premiers inventeurs. A en
croire les lettrés, Fou-hi, l'empereur au corps de

---

[1] Renseignement dû à mon confrère M. Decaisne.

dragon et à la tête de bœuf, aurait imaginé deux
instruments de musique dont les cordes étaient en
soie, et cela 3,400 ans environ avant l'ère chré-
tienne; mais ce fait, fût-il prouvé, n'impliquerait
pas que dès cette époque la sériciculture fût née.
Avant de cultiver le mûrier et de bâtir des magnaneries, on a dû, pendant des siècles sans doute, se
contenter de récolter les cocons déposés sur les
arbres. Les traditions chinoises s'accordent plei-
nement avec cette hypothèse, indiquée par le bon
sens. C'est en effet au règne de Hoang-ti, 2,650 ans
seulement avant notre ère, qu'elles rapportent les
premiers essais d'éducation domestique du ver à
soie; elles ajoutent que cette innovation fut due
à l'impératrice Si-ling-chi, qui découvrit aussi et
enseigna à ses sujets l'art de filer le cocon et de
tisser la soie [1]. Qu'y a-t-il d'exact dans ces antiques récits? Je l'ignore, mais j'aime à croire vraie
une légende qui attribue à une femme l'invention
des soieries. On pourrait peut-être invoquer en faveur de cette tradition populaire le témoignage des
autres légendes qui ont consacré le souvenir de Si-
ling-chi par une sorte d'apothéose, et élevé l'épouse

[1] Le nom de cette impératrice (*femme de premier rang*) de
Hoang-ti varie dans les divers auteurs. M. Panthier la nomme
Loui-tseu, d'après le P. Ganbil et de Guignes. M. de Gasparin, s'appuyant sur l'autorité du P. Mailla et de Dualde, l'appelle Si-ling-chi.
D'après M. Stanislas Julien, qui a bien voulu répondre à mes questions sur ce point par une véritable petite dissertation, Loui-tseu
n'est mentionnée comme créatrice des industries séricicoles que
dans un livre historique appelé *Waï-ki*, dépourvu de caractère offi-
ciel et regardé comme non authentique par les lettrés les plus savants.

de Hoang-ti au rang des génies sous le nom de Sien-thsan *(la première qui a élevé des vers à soie)* [1].

L'utilité des insectes une fois connue, l'arbre qui les nourrit dut appeler bien vite l'attention d'un peuple aussi industrieux que les Chinois. La culture du mûrier prit sans doute naissance vers cette époque, et acquit promptement une importance qu'attestent quelques-uns des plus anciens documents historiques. En énumérant les travaux entrepris par Yu pour remédier aux désastres du grand déluge de Yao et pour faire écouler les eaux, le *Chou-king* nous apprend que, dans la province de Yen, aujourd'hui Chang-toung, deux bras de fleuve furent réunis, et qu'on put alors *planter des mûriers*, nourrir des vers à soie et descendre des hauteurs pour habiter les plaines. Ces travaux, dont on peut étudier encore aujourd'hui d'admirables restes, s'exécutaient 2,286 ans avant notre ère, un millier d'années environ avant la prise de Troie !

Parties de la Chine, les soieries se répandirent bientôt, par le commerce, en Asie d'abord, et enfin,

[1] M. Stanislas Julien a bien voulu extraire du *Cheou-chi-thong-khao*, encyclopédie d'agriculture chinoise, le passage suivant qui constate les honneurs rendus à Si-ling-chi et l'importance attachée à la sériciculture jusque dans le palais des empereurs chinois :

« Dans le dernier mois du printemps, l'impératrice, après avoir pratiqué le jeûne et l'abstinence, offre un sacrifice à Sien-thsan. Elle va elle-même dans le jardin de l'Est pour cueillir des feuilles de mûriers. Elle défend aux femmes du palais de se parer de beaux vêtements et leur recommande de négliger leurs travaux habituels (la couture et la broderie) pour donner tous leurs soins aux vers à soie. »

mais bien plus tard en Europe. Dans son curieux mémoire sur le *commerce de la soie chez les anciens*, M. Pardessus a montré que dès le temps d'Ezéchiel, 600 ans environ avant notre ère, la soie entrait dans la parure des femmes chez les Juifs, et que les vêtements appelés *médiques* par Hérodote et Xénophon étaient tissus de la même matière. On comprend que les étoffes de soie ne tardèrent pas à être connues des Grecs, mais il paraît qu'elles ne pénétrèrent dans le reste de l'Europe que long-temps après. L'auteur que nous venons de citer croit qu'on en vit pour la première fois à Rome lors des jeux donnés par César, 46 ans seulement avant notre ère, ou tout au plus quelques années auparavant, d'après un passage de Varron. Les soieries furent d'ailleurs pendant des siècles d'une rareté extrême et d'un prix excessif. Sous Aurélien (270-275), elles valaient précisément autant que l'or, poids pour poids, si bien que le vainqueur de Zénobie refusait à une impératrice romaine, comme une parure trop chère, une de ces robes de soie que porte aujourd'hui la moindre grisette endimanchée.

C'est que les Chinois, jaloux de conserver un monopole qui rendait tributaires de leur industrie tous les peuples civilisés, avaient pris des précautions sévères pour que le ver à soie restât confiné dans le Céleste-Empire. Des gardes, de véritables douaniers, veillaient aux frontières pour empêcher l'exportation des œufs du précieux insecte, et des peines très sévères, la mort même, dit-on, mena-çaient quiconque aurait tenté de violer la loi. Les

étoffes seules avaient droit de passage. La sortie
même des soies filées, des soies gréges, comme
nous dirions aujourd'hui, parait avoir été prohibée.
Pline ne les a pas connues, et nous apprend que,
de son temps, la Phénicie et la Babylonie ne rece-
vaient que des tissus déjà ouvrés. Aussi les savants
de l'antiquité ignorèrent-ils tous la véritable nature
de la soie. Aristote a bien décrit les métamorphoses
d'un ver à soie; mais il ne s'agit pas du nôtre. Il a
voulu parler d'une autre chenille qui vit dans les
iles de l'Archipel, sur les cyprès et les térébinthes,
et dont le cocon était employé pour tisser des vè-
tements légers destinés aux hommes. Quant à la
véritable soie, qu'il appelle *soie abyssinienne*, elle
était réservée pour la parure des femmes. Pour
Aristote, pour Pline et leurs successeurs, celle-ci
fut longtemps encore une sorte de duvet qu'on
croyait fourni par un arbre, à peu près sans doute
comme le coton. Pausanias, il est vrai, lui attri-
buait une origine animale; mais le célèbre histo-
rien regardait encore, vers la fin du deuxième siècle,
les étoffes de soie comme tissées par une araignée
sur laquelle il donne même quelques détails. Il faut
remonter jusqu'au quatrième siècle, et à saint Ba-
sile, pour trouver dans une phrase de ses *Homélies*
des traces de notions exactes sur le ver à soie, ses
métamorphoses et son industrie [1].

Ce fut encore une femme qui, la première, dit-on,
parvint à enfreindre les lois de la Chine, et qui

[1] M. de Gasparin.

fit franchir au ver à soie et au mûrier la barrière
élevée par l'intérêt. Vers l'an 140 avant notre ère,
une princesse de la dynastie des Han, fiancée à un
roi de Khotan, contrée située vers le centre de
l'Asie, dans la Petite-Boukharie, apprit avec ter-
reur qu'il n'y avait dans ce pays ni mûriers ni vers
à soie. Plutôt que de renoncer à l'un et à l'autre,
elle ne craignit pas d'exposer sa liberté ou sa vie.
En partant pour aller joindre son époux, elle cacha
des graines et des œufs sous son bonnet. Les gardes
n'ayant pas osé déranger la coiffure d'un membre
de la famille impériale, œufs et graines arrivèrent
à bon port. Tous deux prospérèrent à souhait dans
leur nouvelle patrie, et se répandirent peu à peu en
tout sens. Mais l'exemple des Chinois trouva des
imitateurs. A mesure que la sériciculture s'introduisait par surprise ou autrement dans une nouvelle
contrée, chaque souverain cherchait à s'assurer les
bénéfices d'une possession exclusive, si bien qu'au
sixième siècle cette industrie n'avait pas encore
pénétré en Europe. A cette époque, en 552, deux
religieux de l'ordre de Saint-Basile, plus coura-
geux encore que la princesse chinoise, apportèrent
à Constantinople et remirent à l'empereur Justi-
nien des roseaux renfermant entre leurs nœuds les
œufs de vers à soie et les graines de mûrier blanc
qu'ils avaient apportés, au péril de leur vie, de
Sérinde, cette capitale problématique de la Sérique
des anciens [1].

<hr>

[1] MM. de Gasparin, Pardessus.

La sériciculture prit un développement rapide en Grèce, et surtout dans l'ancien Péloponèse, à qui ses plantations nombreuses de mûriers valurent le nom moderne de Morée ; mais elle fut lente à se répandre dans le reste de l'Europe. Au huitième siècle, les Arabes la firent pénétrer en Espagne. Cependant ils n'apportèrent avec eux que le mûrier noir. Le mûrier blanc, bien plus propre à l'élevage des vers à soie, demeura longtemps encore confiné en Grèce. En 1146, Roger II en introduisait la culture dans ses Etats, c'est-à-dire dans la Sicile et les Calabres. L'Italie méridionale adopta assez vite cette nouvelle culture, qui gagna de proche en proche ; mais ce n'est que vers le milieu du quinzième siècle qu'elle atteignit la Toscane, la haute Italie et le Piémont. A cette époque, la sériciculture était déjà connue en France, et nous reviendrons tout à l'heure sur ce point.

Les autres Etats de l'Europe suivirent de loin ces exemples. Dès la fin du quinzième siècle, Elisabeth tenta d'introduire le mûrier en Angleterre, et elle fut imitée par ses successeurs ; mais faute peut-être d'un peu de persévérance, ces essais n'eurent aucun résultat. A peu près à la même époque (1593-1595), la duchesse d'Aschot planta des mûriers aux environs de Leyde, éleva des vers à soie, et fit tisser avec les cocons de sa récolte « des habits que ses demoiselles ont portés, avec esbahissement de ceux qui les ont veus, à cause de la froidure du pays [1]. » Encouragés sans doute par

[1] Olivier de Serres.

cet exemple, les archiducs Albert et Isabelle ac-
cordèrent, en 1607, à Thomas Grammayes, éche-
vin de Bruges, des lettres patentes pour la plantation de cent mille pieds de mûriers blancs [1]. Plus
tard, la révocation de l'Edit de Nantes dispersa dans
l'Europe entière une foule de familles provençales
ou languedociennes qui s'efforcèrent de naturaliser
partout leur industrie de prédilection. Des tenta-
tives furent faites dans cette direction jusqu'en
Suède et en Danemark ; mais ici la rigueur des hi-
vers opposait un obstacle insurmontable. En Alle-
magne même, et malgré les encouragements de
Frédéric le Grand, la sériciculture demeura dans
l'enfance. Cependant, à partir de 1820, elle a paru
se réveiller sur quelques points, surtout en Ba-
vière, où l'on a fait de nombreuses plantations [2].
Le Wurtemberg paraît vouloir entrer dans cette
voie, et en Prusse le gouvernement seconde les
efforts que la société fille de notre Société d'accli-
matation française fait pour encourager et relever
les producteurs de cocons. Mûriers et vers à soie
ont en outre depuis assez longtemps acquis droit
de cité au Brésil, et paraissent prospérer dans le
Nouveau-Monde tout comme dans l'ancien. Enfin
l'Océanie elle-même semble vouloir se mêler à ce
mouvement, et envoie à l'Europe, à côté de ses
innombrables balles de laine, un certain nombre
de flottes de soie [3].

[1] M. Desnoyers.
[2] M. Duchartre.
[3] *Rapport* de M. Dumas.

Les cocons produits chaque année par cet ensemble de récoltes représentent une valeur de plus d'un milliard. A elle seule la Chine figure encore pour plus des 38 centièmes dans ce total; l'Europe pour plus des 32 centièmes; le reste de l'Asie et les trois autres parties du monde ne comptent donc que pour moins de 40 centièmes [1]. Voyons quelle part la France a prise à ce mouvement général.

Les étoffes de soie furent certainement connues dans la Gaule pendant la domination romaine; mais il est permis de penser qu'elles durent y devenir bien rares à l'époque des guerres qui précédèrent le moyen âge. Aux premiers temps de cette période, on voit les tissus soyeux reparaître en France; toutefois ce n'est plus la Sérique qui les fournit. C'est de Constantinople que Charlemagne tira son riche manteau et les deux robes de soie dont il fit présent au roi de Mercie. C'est également de la capitale du Bas-Empire que les abbés de Saint-Denis firent venir la fameuse bannière à fond rouge semée de flammes d'or, qui, à partir de 1124, devint l'étendard de la France, et, sous le nom d'oriflamme, guida nos chevaliers dans les grandes guerres [2]. Déjà le prix de ces tissus devait avoir baissé, car le musée de Lyon a possédé, et possède peut-être encore, des restes d'étoffes de soie trouvés dans le tombeau d'un simple chan-

[1] M. Dumas (*Rapport sur le Mémoire de M. André Jean, relatif à l'amélioration des races de vers à soie*).

[2] Pierre La Relue, cité par Grognier.

celier de France ; mais on voit que ce n'était pas
encore là de la sériciculture.

Il règne aussi une assez grande incertitude sur
la véritable époque de la première plantation de
mûriers en France. Ce point d'histoire est indiqué
plutôt que traité dans la plupart des ouvrages con-
sacrés à la sériciculture. Presque tous les auteurs
se bornent à répéter ce qu'Olivier de Serres semble
avoir dit le premier dans son *Théâtre d'agriculture*.
Cet écrivain raconte, mais comme un simple *on dit*,
qu'un seigneur d'Allan, après avoir accompagné
Charles VIII dans son expédition de 1494, rapporta
d'Italie et planta pour la première fois des mûriers
dans sa terre, située à sept kilomètres de Monté-
limart. Dans une lettre citée par l'*Annuaire de la
Drôme*, an XIII, Faujas de Saint-Fond, un des
pères de la géologie moderne et ancien professeur
au Muséum, reproduit cette tradition, mais en la
précisant et en plaçant le fait dont il s'agit à une
époque beaucoup plus reculée. A l'en croire, Guy-
Pape de Saint-Auban, seigneur d'Allan, aurait rap-
porté les premiers mûriers de la dernière croisade
(1268-1270), et l'un de ces arbres aurait encore
existé en 1804.

Dans le travail important que nous avons déjà
tant de fois cité, M. de Gasparin a le premier mis
en doute ces traditions si confuses et cependant si
universellement adoptées sur les seigneurs d'Allan. Il a reporté à l'occupation de Naples par les
princes d'Anjou ce qu'Olivier de Serres semble attri-
buer aux expéditions passagères de Charles VIII.

Cette opinion a reçu récemment une confirmation bien complète. Dans deux lettres écrites au *Commerce séricicole* de Valence[1], un anonyme, s'appuyant sur des chartes et des titres originaux, a démontré que la terre d'Allan, après avoir appartenu primitivement aux Adhémar, était passée à la famille des Poitiers en 1419, et n'était entrée dans celle des Pape de Saint-Auban qu'en 1545, par le mariage de Blanche de Poitiers, dame d'Allan, avec Gaspard Pape, seigneur de Saint-Auban, un des chefs calvinistes les plus notables de cette époque. Toutefois, l'écrivain anonyme reconnaît qu'il existait encore en 1819, à Allan ou aux environs, quelques mûriers remarquablement âgés, et qui devaient être contemporains des Saint-Auban ou même des Poitiers; mais il fait honneur de leur plantation à quelque humble tenancier de ces grands personnages, qui, par pure curiosité, aurait acclimaté en Dauphiné ces arbres déjà connus et cultivés dans le Comtat.

Cette conjecture pourrait bien être vraie. En effet, M. de Gasparin a démontré avec la plus complète évidence que la culture du mûrier et l'élevage du ver à soie étaient entrés en France par la Provence et à la suite des conquêtes de Charles d'Anjou. Dès la fin du treizième siècle, il se fabriquait des taffetas à Marseille. En 1345, Roland, sénéchal de Beaucaire et de Nîmes, envoyait à Jeanne de Bourgogne douze livres de soie de Provence

---

[1] 3 mars et 17 mars 1858.

achetée à Montpellier, et devenue par conséquent un objet d'exportation [1]. A cette même époque, les papes habitaient Avignon. Comment auraient-ils pu ne pas chercher à introduire aux environs de cette ville une industrie dont en Italie, et même à côté d'eux, ils avaient dû apprécier l'importance chaque jour croissante? Aussi un autre Roland, celui qui fut successivement ministre de Louis XVI et de la république, et qui, avant de jouer un rôle politique s'était beaucoup occupé d'agronomie, a-t-il attribué aux papes l'honneur d'avoir été les premiers propagateurs de la sériciculture en France [2]. M. de Gasparin combat ce que cette opinion a d'exagéré, tout en admettant que les souverains pontifes ont pu jouer le rôle d'initiateurs pour le Comtat Venaissin. M. Fraissinet, pasteur protestant et auteur d'un ouvrage justement estimé sur l'élevage des vers à soie, confirme encore cette manière de voir en s'appuyant sur le témoignage formel de plus d'un chroniqueur.

Mais à cette époque la Provence et le Comtat étaient étrangers à la France, et si, comme tout l'indique, l'*arbre d'or* y fut d'abord cultivé, il y resta longtemps comme emprisonné. Louis XI le transporta en Touraine et installa dans son parc de Plessis-lès-Tours François le Calabrais avec ses compagnons, chargés d'initier les populations voisines à toutes les industries séricicoles (1466). Catherine de Médicis suivit cet exemple. Grâce à elle,

---

[1] *Histoire générale du Languedoc*, citée par M. de Gasparin.
[2] *Encyclopédie méthodique*, article *Soieries*.

il se fit de nombreuses plantations dans l'Orléanais, le Bourbonnais, et les capitouls de Toulouse établirent une sorte de pépinière non loin des remparts de leur ville (1540-1560). Grâce à ces encouragements des souverains, le centre de la France semble avoir pris les devants sur le bassin du Rhône. En 1533, Champier, un des fondateurs du collége de médecine de Lyon, déclare dans son *Hortus Gallicus* que la culture du mûrier n'est qu'un objet de pure curiosité [1] ; mais en 1586 cette industrie avait grandi dans ces contrées, car une ordonnance de Henri III de cette année porte que « par toutes les villes assizes le long de la rivière du Rosne, il y a plusieurs milliers d'hommes, femmes et enfans, qui solloyent gaignier leur vie à filer soie [2]... »

Parmi les hommes qui vers cette époque contribuèrent le plus à répandre et à populariser l'élève du mûrier, il faut compter un simple jardinier de Nîmes, François Traucat. Dès 1554, Traucat possédait une pépinière. En 1606, il publiait un panégyrique du mûrier et se glorifiait d'avoir répandu plus de quatre millions de plants de cet arbre dans le Dauphiné, la Provence et le Languedoc, et si la tradition n'a pas exagéré la fortune acquise par lui dans ce commerce, il est permis de penser qu'il s'écartait peu de la vérité. En même temps, il proposait à Henri IV d'introduire 20 millions de

[1] M. Grimaud de Caux.
[2] *Courrier de la Drôme*, 1858.

mûriers dans les quatre généralités d'Orléans, de Tours, de Paris et de Lyon [1].

Henri IV n'avait pas attendu ce moment pour comprendre tout ce que l'industrie de la soie pouvait ajouter à la prospérité du royaume. Sully, moins clairvoyant, ou peut-être mû par quelqu'un de ces instincts de jalousie qui se glissent jusque dans le cœur des plus grands ministres, s'était vainement opposé à la création de plantations nouvelles. Olivier de Serres, le *père de l'agriculture*, Barthélemy de Laffemas, valet de chambre du roi et contrôleur général du commerce, l'avaient emporté sur le rigide favori, qui proscrivait la sériciculture sous prétexte qu'elle n'était bonne qu'à favoriser le luxe et à corrompre les mœurs [2]. Par une lettre datée du 27 septembre 1600, Henri IV prescrit à Olivier de Serres de s'entendre avec le sieur de Bordeaux, surintendant général des jardins de France, pour faire transporter à Paris plusieurs milliers de plants de mûriers. Cet ordre fut exécuté, et l'année suivante le jardin des Tuileries reçut de quinze à vingt mille

[1] Traucat, qui s'était enrichi avec les mûriers, se ruina, dit-on, plus tard en faisant fouiller la tour Magne pour y chercher un trésor imaginaire que les légendes locales prétendaient y être enfoui. M. de Labaume, président à la cour d'appel de Nîmes, a bien voulu me transmettre à ce sujet des détails que je regrette de ne pouvoir reproduire en entier.

[2] Dès 1599, Olivier de Serres avait publié *par ordre du roi* son *Traité de la cueillette de la soie*, qui a été reproduit dans le *Théâtre d'Agriculture*. — De son côté, Laffemas fit imprimer en 1603 la *Preuve du plant et profit des mûriers*.

pieds d'arbre qui réussirent parfaitement. Une magnanerie et une filature de soie y furent en outre élevées et fonctionnèrent pendant nombre d'années. C'est à la suite de cette grande expérience, et peut-être à l'occasion des offres de Traucat, qu'eurent lieu les envois faits dans presque toute la France de mûriers dont plusieurs existent encore et sont connus sous le nom de *Sullys*, car ici, comme en bien d'autres occasions, la reconnaissance publique s'est égarée, et a fait honneur du bienfait précisément à celui qui l'avait combattu de toute sa force.

Colbert partagea toutes les idées d'Olivier de Serres et de Laffemas. Il les exagéra même d'abord en voulant contraindre tous les propriétaires à planter un nombre de mûriers correspondant à l'étendue de leurs terres. Le résultat de cette exigence fut exactement le contraire de celui qu'on se proposait. Mieux inspiré, Colbert se borna plus tard à promettre une prime de vingt-quatre sols pour chaque nouveau pied de mûrier, la prime n'étant d'ailleurs acquise que trois ans après la plantation [1]. L'amour du gain fit plus que la crainte, et, grâce à cette mesure, mûriers et vers à soie se répandirent de toutes parts en France (1662-1671). Il est peu de nos départements du midi, du centre et de l'est, où l'on ne rencontre encore un grand nombre d'arbres datant de cette époque, et

[1] Duchartre. — Une mesure analogue fut prise vers le milieu du dix-septième siècle par M. de Camprieux, consul du Vigan, et eut le même succès. (De Gasparin.)

que nous aimerions à entendre appeler des *Colberts*.

J'hésite quelque peu à placer à la suite de ces noms si grands dans l'histoire celui d'un modeste officier, bien inconnu de presque tous les sériciculteurs, presque oublié de ceux-là mêmes dont il a transformé l'existence. Pourtant, ne fût-ce qu'à titre d'arrière-petit-fils, il doit m'être permis de réclamer pour le capitaine François de Carle la part qui lui revient dans cette succession d'efforts concourant tous à un même résultat. M. de Gasparin constate dans son ouvrage que, malgré l'exemple donné par M. de Camprieux, consul du Vigan, et les encouragements de toute sorte prodigués par les états du Languedoc, les Cévenols étaient restés fort en arrière de leurs voisins de la plaine dans la culture du mûrier ; il attribue le mouvement séricicole qui se produisit vers le milieu du dix-huitième siècle aux rigueurs inusitées de l'hiver de 1709. Il est peu probable cependant qu'un froid, assez violent pour faire périr les châtaigniers, eût grandement encouragé les agriculteurs à planter des mûriers, arbre regardé, surtout alors, comme exigeant une température bien plus douce que le vieux nourricier de nos montagnards des Cévennes. Pour arracher ceux-ci à leurs antiques habitudes et leur faire adopter une culture nouvelle, il fallait évidemment que quelqu'un se dévouât à cette œuvre, et c'est ce que fit le capitaine Carle. Il avait servi en Italie ; là il avait vu quelle fortune était, pour le plus humble prolétaire, la culture du mûrier, l'élevage du ver à soie. Propriétaire à peu près unique d'un petit vallon qui descend de l'Aigual, la plus haute montagne des Cévennes, il voulut, une fois rentré dans ses foyers, *populariser* l'industrie dont il avait admiré les résultats.

A cette époque quelques *Sullys*, quelques *Colberts*, disputaient seuls le sol aux châtaigniers, qui descendaient jusque dans le fond des vallées; le territoire entier de la commune actuelle de Valleraugue produisait à peine deux mille kilogrammes de mauvais cocons. Le capitaine Carle, reprenant la tradition perdue depuis M. de Camprieux, arracha des châtaigniers et les remplaça par des mûriers. Pour arroser ceux-ci, il éleva des chaussées et construisit des aqueducs. A mesure qu'un champ se trouva défriché et planté, il le céda à tout prix, à toute condition. Il morcela ainsi toutes ses terres et amoindrit considérablement sa fortune; mais il enrichit le pays. L'impulsion, partie du petit vallon de Clarou, se propagea rapidement. Les résultats parlaient trop haut pour ne pas être entendus. Aujourd'hui partout, dans nos départements méridionaux, c'est la montagne qui a dépassé la plaine en sériciculture. Dans les vallées des Cévennes, les châtaigniers ont entièrement fait place aux mûriers, qui remontent sur le flanc des montagnes, parfois jusque dans le voisinage de la région des hêtres, et la commune de Valleraugue, qui ne compte pas quatre mille âmes, produit annuellement 200,000 kilogrammes de cocons [1], classés parmi les meilleurs du monde.

[1] Renseignement dû à M. Nadal.

L'intérêt des populations, éclairé par le concours de travaux, d'efforts et de dévouements que je viens de rappeler, semblait devoir imprimer à la sériciculture un mouvement régulièrement progressif. Il n'en fut pourtant pas ainsi. La routine, les préjugés, l'indifférence, se liguèrent trop souvent pour repousser l'industrie nouvelle. Les guerres civiles étouffèrent bien des entreprises naissantes. Des maladies vaguement indiquées par quelques auteurs désolèrent les chambrées, et découragèrent ceux qui ne surent pas voir au delà de l'heure présente. Les mêmes causes agissent encore aujourd'hui sur une grande partie de notre territoire, et voilà comment, malgré de grands progrès, la sériciculture est en France si éloignée de ce qu'elle doit être un jour, comment il nous faut encore recourir aux étrangers pour alimenter nos manufactures.

Il eût été curieux de suivre les oscillations séricicoles à partir des temps de Catherine et de Henri IV; mais pour trouver des documents précis, il faut arriver jusqu'au dix-huitième siècle. Nous savons que de 1700 à 1788 la France produisait annuellement environ six millions de kilogrammes de cocons. Sous la république, cette production fut réduite de près de moitié; elle se relève quelque peu sous l'empire et les premières années de la restauration, mais sans atteindre le chiffre précédent. A partir de 1820, on voit se manifester un mouvement ascensionnel très remarquable. La quantité moyenne de cocons recueillie annuellement, de

1821 à 1830 est de 10,800,000 kilogrammes; de 1831 à 1840, elle est de 14,700,000 kilogrammes; de 1841 à 1845, elle atteint 17,500,000 kilogrammes; elle dépasse 24,000,000 de kilogrammes de 1845 à 1852; en 1853, elle s'élève au chiffre de 26,000,000 de kilogrammes. — En même temps, au lieu de baisser de prix, les cocons renchérissent sans cesse. Pendant tout le dix-huitième siècle, ils valent en moyenne 2 fr. 50 cent. le kilogramme. Sous la république, et malgré des circonstances de plus en plus difficiles, ils gagnent 30 centimes; vers 1850, le prix moyen est de 5 fr. le kilogramme[1]. A ce prix, la France aurait produit en 1853 pour 130 millions de cocons.

Voici donc quel était, vers la fin de cette ère de prospérité, l'état de la sériciculture. Une progression croissante se manifestait dans la production, et cette progression allait devenir bien plus rapide encore; car, d'une part, les plantations récentes se développant d'année en année, la feuille devenait

---

[1] Ces chiffres et la plupart de ceux que je citerai plus loin sont extraits d'un travail des plus remarquables présenté par M. Dumas à l'Académie sous le titre de *Rapport fait au nom de la Commission des vers à soie sur les procédés de M. André Jean*. La *Commission des vers à soie* dont il est ici question a été nommée par l'Académie des sciences en 1857. Elle se compose de MM. Dumas, président, maréchal Vaillant, Combes, Decaisne, Edwards, Montagne, Péligot, de Quatrefages. Cette Commission a publié plusieurs documents relatifs à la maladie des vers à soie. Celui dont il s'agit en ce moment est le premier de tous, et le mérite en revient tout entier au Rapporteur, qui n'avait pas hésité à faire exprès le voyage de Lyon afin de recueillir sur place des documents certains.

plus abondante, et, d'autre part, le succès de ces plantations en faisait chaque jour surgir de nouvelles. Cette tendance était accusée par un fait des plus significatifs. L'industrie des pépinières de mûriers avait pris un développement tel qu'elle avait pour ainsi dire remplacé toutes les autres sur certains points. Aux environs de Romans, par exemple, des communes entières lui devaient une prospérité exceptionnelle [1]. Ces jeunes mûriers s'expédiaient sur presque tous les points de notre territoire ; partout surgissaient des plantations nouvelles, partout le mûrier venait s'associer aux cultures les plus anciennement pratiquées ; partout aussi l'importance de la sériciculture, le bien-être qu'elle apporte aux populations agricoles se manifestaient par l'accroissement de la valeur des terres. Chaque année, sous la main de nos sériciculteurs, nos magnifiques races françaises se multipliaient ; les races étrangères, introduites pour répondre aux besoins des manufacturiers, s'amélioraient. Quelques années encore, et l'on pouvait prévoir le moment où la France, faisant un grand pas en avant, comprendrait enfin qu'au lieu d'acheter des cocons à l'étranger, c'est elle qui doit lui en vendre [2].

Tout à coup, en 1854, la production des cocons

[1] Renseignement fourni par M. Ferlay, préfet de la Drôme.

[2] Olivier de Serres a déjà dit : « Là où croît la vigne, là peut venir la soye..... Voire poussant plus outre, où le seul meurier vit, sans parler de la vigne, le ver à soye ne cesse de profiter. » Ces paroles sont parfaitement vraies et je pourrais ajouter encore que là où le mûrier ne vient plus, le ver à soie *profite* encore. J'ai visité

baisse de plus de quatre millions de kilogrammes, l'année suivante de près de 6 millions. En 1856 et 1857, elle tomba à sept millions et demi de kilogrammes; dix-huit millions et demi de kilogrammes de cocons manquèrent à nos manufactures. Au prix moyen mentionné plus haut, c'était pour notre agriculture une perte de 90 millons, et si, par suite de la plus-value des cocons, cette perte se trouva répartie entre les sériciculteurs et les fabricants, elle n'en retomba pas moins tout entière sur le pays. Un mal étrange, dont les plus vieux magnaniers n'avaient conservé aucun souvenir, avait envahi nos chambrées. Les œufs, mis à l'incubation comme à l'ordinaire, n'éclosaient plus ou ne donnaient naissance qu'à des vers languissants, dont la plupart disparaissaient peu à peu. Ceux qui échappaient au fléau et tissaient leurs cocons succombaient aux épreuves de la métamorphose ou ne donnaient que des papillons rabougris et sans force, dont la graine reproduisait à un degré bien plus marqué encore, les mêmes phénomènes.

en 1858 une magnanerie établie à plus de trois cents mètres au-dessus de la limite supérieure des châtaigniers. M. Berthezène fils a vu dans la Lozère des mûriers au milieu des hêtres et des sapins. — De tout ce que j'ai vu dans ces deux campagnes il m'est resté la ferme conviction que plus des trois quarts de nos départements peuvent se livrer à l'élevage des vers à soie avec autant de profit que ceux du bassin du Rhône, qui sont au nombre de vingt en y comprenant la Corse. Or, ces vingt départements emploient à eux seuls, chaque année, environ trente-deux mille kilogrammes de graine, tandis que le reste de la France, c'est-à-dire soixante-six départements, n'en consomment en tout qu'un millier de kilogrammes. — Qu'on juge des progrès que nous pouvons faire!

Les populations résistèrent d'abord avec courage. Pendant quelque temps encore, on planta des mûriers ; on vit des sériciculteurs, jaloux de conserver nos belles races, soigner leurs chambrées jusqu'au bout, recueillir les rares cocons qu'ils avaient *non plus à peser, mais à compter* [1], et lutter ainsi corps à corps avec le fléau ; mais, toujours vaincus, ils se lassèrent. L'industrie des pépinières se ralentit et tomba, annonçant ainsi l'arrêt sérieux subi par la sériciculture. Dans les départements où cette industrie n'est encore qu'un accessoire, on cessa d'élever des vers à soie, on alla jusqu'à arracher des mûriers. En 1859, dans le seul arrondissement de Toulon, sur dix-sept propriétaires pris au hasard, deux seulement ont conservé leurs anciennes chambrées, cinq les ont considérablement réduites, dix les ont complétement abandonnées. La production a diminué de plus des trois quarts. Dans le même arrondissement, trois propriétaires ont à eux seuls arraché les mûriers suffisants pour élever plus d'un kilo de graine, et à Valence on s'est chauffé avec le bois de mûriers jeunes et vieux.

Dans ces contrées du moins les populations trouvèrent des compensations. Dans le Var, les Bouches-du-Rhône, la Drôme, comme dans la portion méridionale du Gard et de l'Hérault, la vigne, l'olivier, toutes les récoltes habituelles de ces terres

---

[1] Expressions de M. Adrien Angliviel, membre du conseil général du Gard.

privilégiées permirent aux habitants d'attendre sans souffrances bien réelles que le mal faiblît ou disparût. Dans les régions les plus franchement séricicoles, il n'en pouvait être ainsi. Là où le mûrier est tout, tout manquait avec lui. La terre, ne donnant plus de revenus, perdit bien vite sa valeur. Dans les Cévennes la baisse atteignit plus de 60 pour 100 [1]. Nos malheureux montagnards des Cévennes et de l'Ardèche, les riches comme les indigents, perdirent leur pain quotidien. Il fallut en chercher au dehors, et l'émigration, cette ressource dernière des peuples écrasés par un fléau quelconque, commença. En même temps nos manufacturiers, las de chercher chaque année autour d'eux un approvisionnement difficile et d'une cherté toujours croissante, s'adressèrent sérieusement au dehors. L'Europe entière étant frappée, ils eurent recours à l'extrême Orient. En 1859, Lyon seul a importé pour 92 millions de soies ou de cocons de Chine [2], de telle sorte que nos sériciculteurs ont à lutter à la fois contre le mal qui les accable et contre une concurrence qui serait redoutable, peut-être même dans un temps de prospérité.

Ce n'est certainement pas la première fois que la sériciculture traverse en France de pareilles

[1] Renseignements fournis par M. Sévérac, de Valleraugue. — Je donne sur ce point des chiffres précis dans mes *Nouvelles Recherches sur les maladies des vers à soie*.

[2] Lettre de M. Détanches au *Commerce séricicole*, 29 décembre 1859.

épreuves. Vers 1690, une maladie, sans doute assez semblable à celle qui règne aujourd'hui, ravagea les *éducations*. Déjà on commençait à arracher les mûriers, comme nous le voyons faire aujourd'hui, quand le terrible Lamoignon de Baville, intendant du Languedoc, lança un édit qui condamnait aux galères quiconque commettrait un pareil délit. La sériciculture de ces contrées a dû peut-être ainsi son salut à celui qui devait faire tant de mal sous d'autres rapports. Malheureusement il ne nous reste aucun détail ni sur les maladies de cette époque, ni sur la manière dont elles ont pris fin. Il n'en sera pas de même de l'épidémie actuelle, et nos descendants, s'ils sont atteints jamais par le même fléau, n'auront que l'embarras du choix parmi les documents sans nombre que nous leur laisserons.

Cet embarras pourra bien être réel. J'ai reproduit tout à l'heure le fond du tableau tracé par la plupart des auteurs qui, dès le principe, avaient essayé de faire connaître la maladie; mais à cela près ils ne s'accordaient guère. Les descriptions tracées dans les lieux les plus voisins ne concordaient souvent pas entre elles et variaient d'une année à l'autre. Chaque jour amenait quelque détail, ou complétement nouveau, ou en opposition formelle avec les faits regardés comme les plus certains. En même temps se produisaient les doctrines les plus diverses sur la nature du mal, sur les causes qui lui avaient donné naissance, sur les moyens de le combattre. L'Académie des Sciences interpellée de toutes parts, répondit d'abord par deux *Rapports*, par un *Questionnaire*, émanés de la *Commission des vers à soie*[1] ; puis elle se décida à envoyer sur les lieux trois de ses membres, un botaniste, un chimiste, un naturaliste jadis médecin. Voilà comment MM. Decaisne, Péligot et moi-même reçûmes la difficile mission d'étudier le fléau qui menace sérieusement une de nos plus belles industries agricoles et compromet l'existence de populations entières.

II

Le mal qui ravage nos chambrées vient-il de l'insecte ou de l'arbre? Le ver à soie est-il atteint d'une maladie propre, ou bien est-il empoisonné par la feuille qui devrait le nourrir? Bien des gens ont embrassé d'abord cette dernière opinion, et il est aisé de comprendre comment ils ont été entraînés à l'adopter. Depuis quelques années, le règne végétal est frappé de diverses manières. La pomme de terre, la vigne, les arbres fruitiers, tour à tour et souvent à la fois, ont payé un rude tribut à bien des causes de destruction. Il est vrai que ces maladies végétales ne se ressemblent guère : on ne saurait établir le moindre rapprochement entre l'altération profonde qui atteint les tubercules, l'oïdium qui fait éclater les grains du raisin, le pu-

---

[1] *Comptes rendus de l'Académie des Sciences*, 1857 et 1858.

ceron lanigère qui épuise le tronc des pêchers, et
le champignon qui attaque les racines de l'oranger
d'Hyères ou celles du pommier de Normandie. Le
vulgaire toutefois ne remarque pas ces différences :
il ne peut comprendre qu'il n'y a là qu'une coïnci-
dence. Dominé par le résultat final, il croit à une
sorte d'infection générale, et en voyant les vers à
soie mourir d'une affection autre que celles qui
frappaient habituellement ses regards, il n'a point
hésité à admettre la maladie des mûriers et de la
feuille. Apprécier ce que cette opinion pouvait
avoir de fondé était une des questions que les
commissaires de l'Académie des Sciences étaient
plus spécialement chargés d'éclaircir.

Or, dès notre arrivée à Lyon, au mois d'avril
1858, mes collègues et moi pûmes constater la parfaite apparence des arbres. A mesure que nous
avancions vers le midi, la feuille, plus dévelop-
pée, nous paraissait de plus en plus belle et saine.
Impossible de découvrir une seule de ces taches
noires, un seul de ces rameaux flétris dont on avait
tant parlé. Orange, Avignon, Nîmes, Montpellier,
nous montrèrent partout le même spectacle d'arbres du plus bel aspect, couverts d'une feuille de
la plus belle venue ; tous les éducateurs la décla-
raient magnifique. Mes collègues, plus particulièrement chargés de cette partie de la mission, ne
voulurent pourtant point s'en fier à ces apparences.
Des feuilles de diverses races, de divers âges, et
prises dans les localités les plus différentes, furent
cueillies avec précaution, explorées avec des soins

minutieux, pesées et desséchées sur place pour
être plus tard analysées. Le résultat de toutes ces
études fut de constater de la manière la plus posi-
tive qu'au point de vue de la composition élémen-
taire aussi bien qu'à celui de la constitution ana-
tomique, les feuilles de mûrier ne s'écartaient en
rien de l'état normal. L'analyse chimique, l'investigation microscopique, concordaient donc pleine-
ment avec l'appréciation des sériciculteurs les plus
exercés. Cette fois praticiens et savants se trouvaient d'accord, et ce n'était pas seulement en
France qu'on jugeait ainsi de la feuille. De toutes
les contrées ravagées par le même mal arrivaient
des témoignages semblables.

Que penser d'une prétendue maladie qui ne se
trahit par aucun symptôme appréciable? Evidemment elle n'existe pas. Aussi, lorsqu'on vit les vers
à soie élevés avec cette magnifique feuille mourir
comme les années précédentes ; lorsque, la récolte
pesée, il se trouva que 1858 avait produit encore
moins de cocons que 1857 [1], un revirement général se fit dans l'opinion, et tous les esprits droits
reconnurent que l'origine du mal était ailleurs
que dans les feuilles. Dans ma campagne de 1859,
j'ai pu constater à ce sujet des conversions nombreuses et significatives. Des expériences directes,
instituées volontairement ou amenées par la force
des choses, confirmaient d'ailleurs ce résultat général. De tout temps, sur tous les mûriers, il y a

---

[1] Duseigneur, *Inventaire de 1858.*

eu quelques feuilles tachées par les brouillards, la gelée blanche, les insectes, les cryptogames de diverses espèces. Tant que les éducations marchaient bien, on ne songeait guère à s'inquiéter de ces accidents sans conséquence, et par cela même on ne les voyait pas; les savants seuls avaient dû s'en rendre compte. Depuis l'invasion du mal au contraire, et sous l'influence d'idées préconçues, les moindres taches ont été recherchées avec soin. Alors on en a vu partout, et elles sont devenues pour bien des gens le signe de la maladie des arbres, la preuve de l'empoisonnement des vers par la feuille. Bien que le passé suffît pour en démontrer l'innocuité, Madame de Lapeyrouse, digne sœur d'un membre de l'Académie des Sciences, voulut savoir à quoi s'en tenir sur ce point. Elle éleva exclusivement avec des feuilles tachées un certain nombre de vers à soie pris dans une chambrée voisine. Loin de souffrir du régime auquel ils étaient soumis, ces vers, plus aérés, plus espacés que dans leur magnanerie natale, profitèrent de ces avantages et montrèrent une supériorité marquée sur leurs frères. Un observateur peu réfléchi aurait pu croire qu'au lieu d'être nuisible, la feuille tachée était préférable à la feuille sans taches.

Quelques réflexions bien simples auraient dû suffire pour écarter l'opinion que je combats ici, et que n'ont d'ailleurs jamais admise ni l'Académie des Sciences de Paris ni la plupart des corps savants de province [1]. — Si le ver à soie est empoi-

---

[1] Dans un fort petit nombre de Sociétés d'agriculture, dont le

sonné par la feuille, il est évident que le mal ne
doit apparaître que là où la feuille est malade, là
où elle présente ces fameuses taches dont nous
venons de parler. Or une triste expérience a prouvé
que les récoltes ne réussissaient pas mieux dans
les contrées où la feuille a toujours présenté ses
caractères normaux que dans celles où l'on a vu
les taches se multiplier sous l'influence de printemps exceptionnellement froids et d'étés plu-
vieux. Le département du Var tout entier peut ici
servir d'exemple. — Si le ver à soie est empoisonné par la feuille, tous ceux d'une même chambrée qui ont partagé la même nourriture dans
des conditions identiques, doivent évidemment ou
résister ou succomber dans la même proportion.
Or ici encore l'expérience journalière est en désac-
cord complet avec cette conclusion. On a vu des
milliers de fois les tables juxtaposées dans un
même local porter les unes des vers nombreux, présentant toutes les apparences de la santé, les autres des vers chétifs qui succombaient l'un après
l'autre. Le magnanier interrogé n'hésitait pas à
vous dire : « Les premières ont reçu de la *bonne*
graine, les secondes de la *mauvaise* graine. » Il est

siége était placé dans des localités où des intempéries atmosphéri-
ques avaient multiplié les taches, la théorie de la maladie des feuilles
a momentanément prévalu. Mais là même l'expérience des deux dernières années a ramené à des idées plus justes. Dans les contrées
où la feuille a toujours présenté les qualités normales, cette théorie
n'a jamais compté de partisans sérieux. Je citerai en particulier la
Société d'agriculture du Var comme ayant en tout temps échappé
à une erreur longtemps accréditée.

fort rare en effet que la vérité perde ses droits d'une manière absolue, et que le bon sens ne proteste pas de manière ou d'autre contre les erreurs les plus généralement accréditées. Les partisans les plus décidés de l'empoisonnement par la feuille n'en admettent pas moins qu'on réussit généralement avec certaines graines, qu'on échoue à coup sûr avec d'autres, alors même qu'elles ont été récoltées avec les mêmes soins et conservées avec les mêmes précautions. Ces dernières sont donc en réalité malades, mais comment le seraient-elles s i elles avaient été pondues par des parents sains? On voit que c'est à ceux-ci qu'il faut remonter, et que tout nous amène à la conclusion adoptée à Milan comme à Paris : les insectes sont frappés, et non les arbres [1].

Un fait bien curieux confirme encore cette conclusion. Nos *chenilles domestiques* ne sont pas les seules atteintes; leurs congénères sauvages le sont également. Dans l'Ardèche [2], dans la Drôme [3], on a constaté que, depuis le commencement de l'épidémie, les papillons ont presque entièrement disparu des jardins, des bois, des prairies. Depuis la même époque, certains taillis de chênes, situés près de Montpellier et habituellement ravagés par les chenilles, conservent toute leur verdure, parce

[1] *Rapport de la Commission de l'Institut lombard*, par M. Cornalia.

[2] Renseignement dû à M. Levert, aujourd'hui préfet d'Alger, et auteur d'un excellent travail intitulé : *De la maladie des vers à soie dans l'Ardèche en* 1858.

[3] Note d'un anonyme dans le *Commerce séricicole*, 1858.

que les insectes ont disparu. M. Marès a retrouvé ces insectes sous les pierres, dans les broussailles, portant tous les caractères de diverses maladies qui détruisent les magnaneries. Or, parmi ces maladies, il en est une dont nous ferons connaître plus loin le rôle prépondérant. Celle-ci se découvre à des signes certains, et ces signes ont été reconnus sur les chenilles sauvages par un écolier de douze ans, M. Armand Angliviel. Ainsi les insectes périssent au moment même où les arbres qui les portent présentent un aspect de vigueur inusitée. N'est-il point évident que les premiers seuls sont malades, qu'ils ne peuvent par conséquent pas exercer leurs ravages ordinaires, et que les seconds, délivrés de leurs voraces ennemis par l'épidémie, profitent en quelque sorte de l'occasion pour montrer qu'ils ne se sont jamais mieux portés?

Quelle est donc la nature de ce mal qui frappe nos vers à soie jusque dans les générations à venir? Pour répondre à cette question, faisons comme le médecin appelé auprès d'un malade, et pour expliquer le présent, interrogeons d'abord le passé.

Il y a plus de vingt ans, tandis que les vers à soie prospéraient partout ailleurs et que leurs générations se succédaient sans encombre, la petite ville de Cavaillon présentait une exception remarquable. La reproduction de ces insectes s'y faisaient mal. Une chambrée assez bien réussie au point de vue industriel ne fournissait que des papillons sans vigueur, et dont la graine, mise à couver l'année suivante, ne donnait que peu ou point de produit. Cet état de choses avait dès cette époque donné naissance à un commerce d'importation local : Cavaillon achetait au dehors ses œufs de vers à soie [1].

Dès 1845, des phénomènes analogues se montrèrent aux environs d'Avignon et jusqu'à Loriol, dans le voisinage de Valence [2]. Les chambrées *s'ébranlaient*; elles échouaient sans causes connues. D'année en année, les réussites devenaient plus rares, et toujours se reproduisait le caractère essentiel de la mauvaise qualité des graines. Bientôt le mal s'aggrava et s'étendit. Les environs de Nîmes et de Montpellier furent atteints. En 1848, les Cévennes firent leur dernière belle récolte [3]. En 1849, l'insuccès fut général. Dans cette année néfaste, le mal frappa à la fois les Cévennes et le Var, l'Ardèche et l'Isère ; il envahit d'un seul coup plus de deux mille lieues carrées [4].

Les bassins de la Durance et du Rhône ont été

[1] Je dois ce renseignement, fort important à bien des points de vue, à M. Méritan fils, très connu dans le monde séricicole par plusieurs publications intéressantes et par l'établissement qu'il a fondé à Cavaillon avec MM. Jouve et Chabaud pour l'essai des graines par la méthode des éducations précoces.

[2] Renseignement donné par M. le baron d'Arbalestier.

[3] Cette récolte fut exceptionnelle sous le rapport de la quantité et de la qualité des cocons, et cependant l'année suivante le pays fut envahi. Ce fait s'est reproduit une foule de fois, soit pour des contrées entières, soit pour des îlots momentanément épargnés. A lui seul il suffit pour réfuter tout ce qui a été dit sur la prétendue dégénérescence des races des vers à soie.

[4] Dans mes *Études sur les maladies actuelles du ver à soie*, j'ai donné un chiffre très inférieur, faute de connaître les faits que j'ai recueillis en 1859.

le point de départ de la grande épidémie dont nous esquissons l'histoire, mais n'ont pas été les seuls points primitivement attaqués. Au cœur même des Cévennes, même avant 1843, le petit village de Saint-Bauzile-le-Putois présentait des phénomènes semblables à ceux que nous venons d'indiquer à Cavaillon [1]; mais là le mal s'arrêta bientôt de lui-même, et tout rentra dans l'ordre normal jusqu'au moment de la grande invasion de 1849. Il n'en fut pas de même à Poitiers, dans la magnanerie de M. Robinet. Ici, dès 1841, on voit apparaître successivement presque toutes les principales formes affectées plus tard par le mal. En parcourant les journaux d'éducation que cet habile et consciencieux sériciculteur a bien voulu me confier, en lisant ces notes tracées jour par jour et presque heure par heure, on croit par moments avoir sous les yeux quelqu'une de ces descriptions que je n'ai eu que trop à relire. On voit le mal s'aggraver d'année en année jusqu'au moment où M. Robinet dut fermer l'établissement qui avait rendu tant de services, et d'où était sortie la belle race française des cocons coras.

La France était donc frappée sur trois points différents, alors que les contrées les plus voisines restaient parfaitement intactes. Nos éducateurs s'adressèrent à elles pour avoir des œufs. L'Espagne et le Piémont vinrent d'abord à leur secours; mais dès 1851 les graines venues de ces deux contrées

---

[1] Renseignements fournis par M. Berthezène fils.

se montrèrent quelque peu atteintes. On commença à s'adresser presque exclusivement à la Lombardie, et, grâce à elle, nos récoltes grandirent jusqu'à atteindre le maximum de 1853. A leur tour, cependant, les graines lombardes *s'ébranlèrent*. Le mal pénétrait peu à peu jusqu'à elles. En 1855, les grainages furent généralement mauvais en Lombardie, et la France, qui s'approvisionna pourtant presque exclusivement dans ce pays, eut à subir les désastres de 1856. A partir de ce moment, le mal ne s'arrêta plus. Chaque année il fit un nouveau pas. L'Italie méridionale, la Sicile, la Grèce, les îles de l'Archipel succombèrent tour à tour. Dès 1858, les graineurs lombards le rencontrèrent sur les bords de la mer Caspienne[1]. En 1859, il a franchi le Caucase et s'est montré, dit-on, au Bengale et jusque sur les côtes de la Chine[2].

A ne considérer que ce mode de développement et cette marche envahissante du mal, on pourrait déjà déclarer qu'il s'agit d'une épidémie; mais on peut constater bien d'autres ressemblances. Pour fixer les idées, comparons la maladie des vers à soie au choléra.

Le choléra, dans sa marche progressive, a souvent épargné des contrées qu'il envahissait plus tard par un brusque retour en arrière. — La mala-

[1] Renseignements dus à M. Cornalia.

[2] Le comte Freschi avait annoncé à la Société d'agriculture de Calcutta qu'il trouvait dans l'Inde des signes de la maladie qui ravage nos éducations européennes. Ce fait a été contesté par M. de Cristoforis, et les expériences récentes de M. Cornalia paraissent témoigner en faveur de ce dernier.

die des vers à soie désolait la Sicile et les Calabres alors que la Toscane et le Bolonais étaient encore intacts : ils ont été depuis frappés comme toute l'Italie.

Au milieu des contrées envahies, le choléra semble respecter des îlots plus ou moins étendus. — La maladie des vers à soie présente encore aujourd'hui en Europe et en France même des exemples de ce fait. Le massif d'Andrinople, entouré par le mal presque de toutes parts, a résisté jusqu'à ce jour; en Italie, certains cantons des Abruzzes, quelques points de la Vénétie sont encore épargnés, et, bien près de Florence, M. Ricasoli a fourni jusqu'en 1859 une graine qui, élevée en Piémont, a donné de magnifiques résultats [1]. Enfin, dans notre Ardèche, la belle race de Blanc-Annônay n'a éprouvé encore aucun dommage [2].

Bien souvent, il est absolument impossible d'expliquer par des conditions spéciales de salubrité l'immunité des espaces plus ou moins étendus, des villages, des villes épargnés par le choléra. — Il en est exactement de même pour les îlots que la maladie des vers à soie n'a pas atteints ou n'a frappés qu'en dernier lieu. Les uns sont en pleine montagne, d'autres sur le bord même de la mer; il en est qui atteignent la région des hêtres, d'autres sont placés dans celle des oliviers; ceux-ci

---

[1] Renseignement donné par Madame Vallardi.

[2] Renseignement dû à M. Dorrel, directeur de la magnanerie expérimentale de l'Ardèche.

sont composés d'alluvions, et ceux-là de roches primitives...

En temps de choléra, la santé la plus robuste, l'observation la plus stricte des lois de l'hygiène ne sont nullement une garantie d'immunité. — Ici encore la ressemblance n'est que trop frappante entre l'épidémie humaine et la maladie des insectes. Les graines les plus saines, provenant de contrées où le mal n'a jamais paru, élevées avec des soins exceptionnels, ont bien des fois donné naissance à des vers qui, après avoir présenté tous les signes de la force et de la santé, ont succombé comme les autres.

Il serait aisé de pousser plus loin ce parallèle, ainsi que je l'ai fait ailleurs[1]. Ce qui précède suffit et au delà pour motiver la conclusion suivante, formulée par la Sous-Commission chargée d'étudier le mal et adoptée par l'Académie des Sciences : *Si le choléra est une épidémie, la maladie des vers à soie est une épizootie.* Mais, de plus que le choléra, cette maladie est *héréditaire*, et se présente dès lors comme le fléau le plus complet que la pathologie humaine ou comparée ait encore eu à étudier.

Avoir mis hors de doute ce double caractère du mal, ce n'était pas encore le connaître. J'ai dit déjà combien étaient différents les détails donnés par ceux qui avaient tenté de le décrire. C'était vraiment à ne pas s'y reconnaître. Pour donner

---

[1] *Rapport de la Sous-Commission chargée par l'Académie d'étudier la maladie des vers à soie dans le midi de la France.*

une idée de cette confusion, il me suffira de rappeler qu'à en croire certains auteurs, les cadavres
des vers se décomposent avec une rapidité extrême,
en exhalant une odeur remarquablement fétide,
tandis qu'au dire d'autres écrivains ces mêmes
cadavres se dessèchent et se *momifient* sans répandre
aucune odeur. Une étude sérieuse pouvait seule
donner la clef de ces contradictions avancées par
des observateurs également éclairés, également de
bonne foi. Pour résoudre ce problème et d'autres
qui s'y rattachent, il était nécessaire de resserrer
plutôt que d'étendre le champ des observations et
de comparer entre elles un nombre restreint de localités parfaitement étudiées. Il fallait enfin ana-
lyser ce mal comme une affection de l'homme
lui-même, établir des cliniques et faire des autopsies.

Aussi, tandis que mes deux collègues allaient
continuer dans l'Isère l'enquête commencée en
commun dans le bassin du Rhône, je remontai celui de l'Hérault jusqu'au cœur des hautes Cévennes.
Là se trouvaient trois vallées réunissant toutes les
conditions propres à faciliter mes travaux. Deux
d'entre elles s'étaient partagé mon enfance, dont
les souvenirs mêmes devaient parfois me venir en
aide. Je connaissais d'avance toutes les localités
que j'allais explorer. Je savais que les éducations
de vers à soie, étagées les unes au-dessus des autres à des hauteurs très différentes, se succédaient
au lieu de marcher toutes de front, et me permet-
traient par suite de prolonger mes recherches, de

répéter mes observations. Parlant la langue de ces
Cévenols en qui vivent les vieilles traditions séricicoles qui leur ont fait une si grande réputation
comme éducateurs, je comptais recueillir auprès
d'eux bien des renseignements; enfin j'étais certain de faire tourner au profit de ma mission l'empressement cordial qui attendait l'homme privé
autant que l'envoyé de l'Académie des Sciences.

Grâce à mes habitudes de naturaliste errant, mon
installation au Vigan et plus tard aux Angliviels,
près de Valleraugue, fut bientôt faite. La table de
travail, avec son microscope, ses cuvettes à dis-
section, ses scalpels, pinces, etc., fut installée
comme elle l'eût été à Chausey ou à Bréhat; les
tables, les meubles, se couvrirent de matériaux.
Seulement, au lieu d'être envahis par des vases et
des bocaux remplis d'eau de mer, par des annélides
et des mollusques, ils le furent par des lots de vers
à soie malades qu'on se hâta d'apporter au *médecin des magnans*. Je ne quittai mon hôpital que
pour explorer les magnaneries. Cent six éducations étagées depuis la région des oliviers jusqu'à
celle des hêtres, de Saint-Hippolyte dans les bas-
ses Cévennes jusqu'à Massevaque dans la haute
Lozère, furent ainsi étudiées avec le plus grand
soin. Chaque éducateur fut soumis à un véritable
interrogatoire, dont les résultats étaient immédia-
tement consignés sur mon carnet. Sans cesse accompagné de quelque propriétaire dont l'intérêt
garantissait la vigilance, je ne pouvais évidemment
recueillir que des notes d'une parfaite exacti-

tude[1]. De retour dans mon *Hôtel-Dieu*, je comparais à loisir les résultats de la grande et de la petite éducation, j'étudiais les effets du régime et de l'hygiène, je tentais des essais de médication ; enfin j'ouvrais de nombreux cadavres et reproduisais, dans des dessins constamment contrôlés par les intéressés, les caractères appréciables du mal qui fait de si effrayants ravages.

Dès cette première campagne, il me fut ainsi possible d'apprendre beaucoup sur la nature de ce mal étrange, sur son état habituel de complication, sur les deux éléments dont il faut toujours ici tenir compte, sur les moyens, sinon de lui échapper complétement, du moins d'en atténuer les effets et d'éviter les désastres ; mais on comprend que je dus aussi constater bien des faits encore inaperçus, dont l'avenir seul pouvait faire connaître la signification. Les éducations de l'année suivante, des expériences instituées d'avance, pouvaient seules lever bien des doutes, infirmer ou confirmer bien des présomptions. Lors même que mes convictions personnelles étaient déjà arrêtées, je ne pouvais les émettre sur des questions aussi graves qu'en les appuyant de preuves décisives. Une seconde campagne était donc nécessaire, et l'Académie des Sciences en jugea ainsi[2].

---

[1] Parmi les personnes qui m'ont accompagné le plus habituellement dans ces courses, je dois citer M. Anglivicl, membre du conseil général du Gard, et M. Henri Bousquet, maire de Valleraugue.

[2] Si j'ai été envoyé seul en 1859, c'est que mes deux collègues de l'année précédente, MM. Decaisne et Péligot, avaient été plus spé-

Cette fois le programme de ma mission devenait tout autre ; il me fallait étendre le champ des observations, et surtout reconnaître jusqu'à quel point les données recueillies dans trois vallons des Cévennes s'appliquaient au reste de la France. Autant j'avais été sédentaire en 1858, autant je devais multiplier mes courses en 1859. Je parcourus huit de nos départements le plus sérieusement adonnés à la culture du mûrier [1] ; je visitai deux cent quatre-vingts chambrées appartenant à une centaine de propriétaires, et échelonnées depuis le bord même de la mer (Toulon et Cette) jusqu'à une hauteur inférieure à peine de quelques mètres à la limite supérieure des châtaigniers (Prunet dans l'Ardèche). J'embrassai ainsi l'ensemble des conditions générales dans lesquelles sont placés en France les éducateurs de vers à soie. Je pus surtout revoir à diverses reprises les mêmes faits et contrôler mes propres observations. Grâce à la différence des climats, je trouvai à Draguignan les vers d'un essai près de subir leur quatrième mue dès la mi-avril ; aux premiers jours de mai, j'étudiai des chrysalides dans le département de Vaucluse ; et en revanche, le 4 juillet, je visitai encore dans les *terres froides* du Dauphiné une chambrée dont la moitié n'avait pas encore gagné la bruyère. Ces nouvelles études confirmèrent de tout point les précédentes : elles

cialement chargés d'étudier l'état des feuilles et que cette partie de notre mission avait pu être menée à fin dès 1858.

[1] Le Var, les Bouches-du-Rhône, Vaucluse, la Drôme, le Gard, l'Hérault, l'Ardèche et l'Isère.

sanctionnèrent les conclusions de la Sous-Commission ; elles me permettent d'être aujourd'hui bien plus affirmatif que dans mon premier travail, et j'espère que ma réserve passée elle-même sera aux yeux du lecteur une garantie de plus en faveur de mes convictions présentes[1].

III

Des trois vallées étudiées en 1858, deux, celles de Valleraugue et de Saint-André, présentent des conditions générales à peu près identiques ; celle du Vigan diffère de l'une et de l'autre par sa composition géologique aussi bien que par sa disposition orographique. Toutes trois sont à des hauteurs différentes au-dessus du niveau de la mer. Les climats et l'époque des éducations varient dans la même proportion. Entre les deux premières et la troisième, on trouve ainsi réunies presque toutes les conditions différentielles qu'on a regardées comme pouvant agir sur le développement du mal, et pourtant, dès 1849, toutes trois ont été frappées à la fois, toutes trois ont présenté dans leur envahissement progressif des circonstances identiques. Dès l'abord, dans toutes trois, le mal a ma-

[1] Les résultats de ces deux campagnes ont été publiés sous les titres de *Études sur les maladies actuelles des vers à soie* et de *Nouvelles Recherches...* Ces deux ouvrages ont été imprimés dans les *Mémoires de l'Académie des Sciences*, qui en a en outre autorisé un tirage à part, édité par M. V. Masson.

nifesté et conservé les deux caractères qui le rendent si redoutable, l'épidémie et l'hérédité.

Mais, en dehors de ces traits fondamentaux, tout le reste varie d'une localité à l'autre malgré la presque identité de condition existant à Valleraugue et à Saint-André, et d'une année à l'autre dans la même localité. Des renseignements cent fois contrôlés que j'ai recueillis, il résulte que trois écrivains également bien informés, faisant l'histoire de l'épidémie pour chacune de ces vallées de 1849 à 1857, auraient écrit trois livres très différents. De ce que j'ai vu par moi-même, il résulte encore qu'en 1858 trois observateurs également habiles, décrivant avec la même exactitude ce qui se passait sous leurs yeux, auraient tracé de la maladie trois tableaux parfaitement dissemblables. Considéré dans son ensemble, le mal dont souffrent nos chambrées présente donc deux sortes de phénomènes, les uns constants, les autres variables. Pouvait-on les rapporter indifféremment à une cause morbide unique? Évidemment non; il devait en exister plusieurs. Démêler le nombre et la nature des causes devait être le premier but des recherches du *médecin des vers à soie*.

Grâce à mon *hôpital*, je ne tardai pas à découvrir à quoi tenait l'extrême variété des symptômes tant de fois constatée. Dans les lots de vers malades qui m'arrivaient de toutes parts, je reconnus successivement l'existence de *toutes* les maladies décrites par Cornalia, l'écrivain qui a le mieux et le plus complètement résumé ce que nous savons de la pathologie des vers à soie[1]. Ces maladies changeaient d'une localité, d'une magnanerie à l'autre. Ici la *jaunisse* ou la *grasserie* exerçaient des ravages affreux ; là elles semblaient remplacées par la *négrone* ou l'*atrophie*. Chez moi d'ailleurs, comme dans les magnaneries, ces maladies offraient les symptômes depuis longtemps décrits ; mais, tandis que d'ordinaire elles n'atteignent qu'un nombre d'insectes plus ou moins restreint, elles présentaient ici un développement tel que des éducations entières étaient détruites dans l'espace de quelques jours. Evidemment l'action habituelle de ces maladies était favorisée par quelque circonstance qui la rendait infiniment plus redoutable que dans une situation normale.

Or il me fut promptement démontré que *tous* les vers présentaient une particularité étrangère à l'affection qui, au premier abord, semblait seule les avoir frappés. Leur peau était marquée de taches noires d'une nature spéciale. Bientôt je m'aperçus qu'un grand nombre d'entre eux périssaient sans présenter d'autres symptômes que ces taches et un dépérissement graduel. Chez les mieux portants en apparence, principalement chez tous ceux qui avaient franchi la première moitié du cinquième âge et allaient faire leur cocon, je retrouvai ces mêmes stigmates. Il m'arriva plusieurs fois de passer des *heures entières* dans les chambrées dont

---

[1] *Monografia del Bombice del Gelso*. Il serait vivement à désirer que ce bel ouvrage, aujourd'hui épuisé, fût reproduit et traduit en France.

tous les vers étaient magnifiques et promettaient la plus belle récolte, sans en trouver *un seul* complétement exempt de ce signe étrange et néfaste. Il est vrai que j'appelais la loupe au secours de mes yeux là où ceux-ci eussent été complétement insuffisants, et j'ai désolé plus d'une magnanière expérimentée en lui montrant à l'aide de l'instrument combien le mal était universel, alors qu'elle s'en croyait complétement à l'abri. Plus tard, des autopsies cent fois répétées me montrèrent cette même tache dans tous les organes, dans tous les tissus. Je la poursuivis chez la chrysalide et dans le papillon, et *partout, toujours,* elle se présenta avec des caractères identiques [1].

C'est dans la peau des jeunes vers qu'il est le plus facile d'étudier cette singulière altération ; mais pour en bien saisir l'origine et le développement, il est nécessaire de recourir aux plus puissantes lentilles du microscope. Ce n'est d'abord qu'une teinte jaunâtre obscurcissant légèrement la transparence hialine des tissus. Puis cette teinte se fonce et devient légèrement brunâtre ; plus tard, le brun domine de plus en plus, et bientôt toute transparence disparait. A ce moment, le point attaqué ne montre plus qu'un petit *magma* d'un brun noirâtre, et comme charbonné. Toute trace

[1] Ces taches ont été indiquées par certains auteurs, niées par d'autres. Dans les Cévennes, elles avaient été vues dès 1855 par quelques rares magnaniers qui firent un mystère de leur découverte. En 1857, elles furent très apparentes et généralement visibles à l'œil nu dans certaines localités.

d'organisation a disparu. Autour de ce premier
noyau règne une auréole jaunâtre annonçant l'invasion des tissus voisins. En effet la tache s'étend
peu à peu, envahit et désorganise tout ce qui l'en-
toure, jusqu'au moment où ses progrès sont arrêtés
soit par la mort de l'insecte, soit par une mue. À
chacune de ces crises, le ver malade dépose ses té-
guments tachés et reparaît avec une aparence de
santé qui en a souvent imposé aux observateurs ;
mais au bout de deux ou trois jours la nouvelle peau
est atteinte comme la première, et ce fait suffirait
à lui seul pour prouver que la tache n'est pas un
phénomène local et tient à une cause plus profonde, qu'elle est en réalité le signe d'une infection générale.

Celui qui conserverait le moindre doute à ce sujet n'a d'ailleurs qu'à ouvrir quelques cadavres.
Partout il retrouvera les phénomènes que je viens
d'indiquer, partout il verra d'abord apparaître
les points jaunâtres, premiers signes du mal ; il les
verra se foncer et passer au brun. En explorant
tour à tour des taches de plus en plus avancées, il
en suivra de l'œil les progrès et les verra transfor-
mer de la même manière tous les éléments de l'organisme. Lames membraneuses, fibres musculaires,
globules graisseux, disparaissent et se fondent en
petits amas noirâtres, disséminés parfois en nombre incalculable dans le corps entier. On dirait
alors que tous les organes, au dedans comme au
dehors, sont saupoudrés de poivre noir. Chez le
papillon surtout, et plus particulièrement autour

des orifices de l'intestin et de l'ovaire, les lobules des trachées et du tissu graisseux sont durcis, hypertrophiés, et présentent l'aspect de masses cancéreuses. En un mot, quelque difficile qu'il soit de comparer les altérations pathologiques d'un insecte à celles d'un animal vertébré, le médecin peut croire avoir sous les yeux une affection gangréneuse viciant l'organisme jusque dans ses plus intimes profondeurs, tout en produisant parfois des phénomènes que l'on rapporte d'ordinaire au rachitisme. Le symptôme caractéristique de cette affection est la *tache* que je viens de décrire, et voilà pourquoi, ayant à la désigner par un nom nouveau, je l'ai baptisée de celui de *pébrine*, qui, en langage du midi, signifie *maladie du poivre*[1].

La marche de cette maladie est d'ailleurs lente, et sa terminaison non moins exceptionnelle que ses autres symptômes. Le ver pébriné languit et s'éteint insensiblement. Il meurt pour ainsi dire peu à peu ; son agonie est tranquille, mais très longue. J'en ai vu résister pendant deux ou trois jours ; j'en ai vu qui, pincés ou piqués de mille manières, ne faisaient plus le moindre mouvement et ne trahissaient un reste de vie que lorsque je les plongeais dans l'alcool. Enfin, une fois morts, ces vers, au lieu de se décomposer, durcissent de plus en plus et se momifient. Ils ressemblent alors assez à des mus-

---

[1] Dans mes premières *Études*, j'ai représenté la tache telle qu'on la voit à la loupe et au microscope dans le ver, la chrysalide et le papillon. Ces planches seront utiles, j'espère, à ceux qui voudront apprendre à reconnaître le mal.

cardins que n'auraient pas envahis les efflores-
cences caractéristiques. Là même se trouve l'ex-
plication du silence gardé par les auteurs sur la
pébrine ; ils l'ont tous confondue avec la muscar-
dine parce que ces deux maladies ont en commun
un signe qui les sépare de toutes les autres, savoir
la *momification des cadavres*. Pourtant l'inspection
microscopique ne permet pas de les confondre.
Jamais le ver pébriné ne présente rien d'analogue
aux filaments du champignon, véritable cause de
la mort du ver muscardiné [1].

Ainsi, à côté des maladies *locales*, *variables*, se
montre une maladie *bien distincte*, *universelle*, *con-
stante*. Évidemment à celle-ci seule peuvent se rat-
tacher les phénomènes de même nature, l'épidémie
et l'hérédité, qui caractérisent *partout* et *toujours*
le mal actuel. Celui-ci, considéré dans son ensemble, n'est donc pas simple, comme on l'avait cru
d'abord : il se compose de deux éléments, l'un fon-
damental, l'autre pour ainsi dire accessoire. Le
premier, la pébrine, envahit en totalité les chambrées, affaiblit les vers bien longtemps avant de
les tuer, et les prédispose à subir avec une facilité
déplorable l'action de toutes les causes morbides,
quelles qu'elles soient. Le second est le résultat de
l'action de ses causes et varie avec elles. Ainsi com-
pris, le fléau s'explique, et ses caprices apparents ne

---

[1] On voit que je ne regarde pas la pébrine comme une maladie
nouvelle. J'ai en effet recueilli des témoignages formels d'où il résulte qu'elle existait dans les chambrées les mieux tenues bien avant
l'état de choses actuel. Seulement elle paraît y avoir été très rare.

sont plus que des conséquences très logiques de sa nature. Les phénomènes les plus frappants, ceux que l'on constate aisément à l'œil nu, appartiennent aux *maladies intercurrentes*, qui viennent se greffer sur la pébrine; mais ces maladies, dépendant d'une foule de conditions diverses, sont bien rarement les mêmes dans des lieux différents ou d'une année à l'autre dans la même localité. Chacune vient mêler son cortége de symptômes propres à ceux qui caractérisent la pébrine, et par conséquent le tableau varie constamment à certains égards, tout en restant identique sous d'autres.

Il n'y a pas seulement un intérêt scientifique à constater ces faits; ils sont d'une importance plus grande encore au point de vue pratique. En effet, des détails que je viens de donner, il résulte que, dans une contrée atteinte par l'épidémie, *tous* les vers doivent être considérés comme malades ou sur le point de le devenir. Seulement cette maladie n'est d'abord que la pébrine, et grâce à sa marche lente, celle-ci laisse presque toujours les vers à soie vivre assez pour filer le cocon. Les chambrées atteintes seulement de pébrine donnent presqu'à coup sûr des récoltes rémunératrices. Malheureusement un ver pébriné est aussi délicat qu'un phthisique. On sait trop comment ce dernier prend une fluxion de poitrine mortelle là où l'homme sain se serait à peine enrhumé. Alors, au lieu de mourir de la *maladie fondamentale*, qui l'aurait laissé vivre peut-être encore bien des années, il est tué en quelques jours par la *maladie intercurrente*. Il en est de même des vers à soie pébrinés. Là où des vers bien portants eussent certainement fait leurs cocons, ils contractent trop souvent des affections qui s'ajoutent à la première, se développent avec une rapidité foudroyante, et détruisent parfois en deux ou trois jours, à la veille du coconnage, des chambrées de la plus belle apparence.

Ce sont les maladies intercurrentes qui donnent le coup de massue aux éducations ébranlées par la pébrine ; ces maladies sont la cause immédiate de ces désastres imprévus et soudains dont je n'ai vu que trop d'exemples. Les écarter doit être l'objet des préoccupations constantes de tout sériciculteur. Pour atteindre ce but, une hygiène bien entendue sera presque toujours suffisante. Les règles en ont été posées depuis longtemps dans une foule d'ouvrages, et la commission académique des vers à soie les a rappelées dans tous ses écrits. Moi-même, je me suis efforcé de les justifier de nouveau en m'appuyant aussi bien sur les malheurs généraux du moment que sur les exceptions si frappantes, si bien faites pour encourager, que j'ai pu constater au milieu même de quelques localités des plus rudement atteintes [1]. Et pourtant, jusque dans les classes les plus éclairées de la société, ces règles ne sont ni généralement acceptées, ni même comprises par l'immense majorité des éducateurs. Partout, dans mes deux missions, j'ai eu à lutter

---

[1] *Etudes sur les maladies actuelles du ver à soie* et *Nouvelles Recherches* sur le même sujet ; *Rapport de la Sous-Commission.*

contre les préjugés et la routine. Si quelque esprit d'élite admettait des doctrines plus justes, presque toujours je le voyais reculer devant les plus simples conséquences pratiques des principes qu'il acceptait en théorie.

Au risque de prêcher encore dans le désert, je voudrais rappeler une fois de plus aux sériciculteurs les principes fondamentaux de toute éducation de vers à soie. A vrai dire, tous ces principes peuvent se ramener à un seul, celui d'un *bon aérage*. Le ver à soie n'est autre chose qu'une chenille créée pour vivre au grand air sur un arbre. Donnez-lui donc cet air qu'il est destiné à respirer si largement; donnez-le-lui en abondance, et parfaitement pur. N'entassez pas vos vers à soie comme vous le faites; délitez plus souvent; écartez de vos ateliers ces foyers imparfaits, ces brasiers méphitiques, qui versent dans l'atmosphère tous les produits de la combustion, et empoisonnent à la fois les vers et ceux qui les soignent; remplacez-les par des poêles ou des calorifères; distribuez avec intelligence dans le bas et dans le haut de vos magnaneries les ouvertures nécessaires pour qu'un courant d'air lent, mais incessant, balaye et emporte au dehors les émanations de toute sorte produites par ces milliers d'êtres vivants, par leurs déjections, par leurs litières; chauffez cet air de manière à en mettre la température en harmonie avec la nature d'un insecte destiné à naître au printemps et à prolonger son existence jusqu'au cœur de l'été; et presque à coup sûr, malgré l'épidémie, vous serez payé de vos peines, vous aurez des cocons [1].

Malheureusement, on l'a vu, la pébrine n'est pas seulement épidémique, elle est de plus héréditaire. Toute graine pondue par un papillon pébriné est plus ou moins viciée, et ne donne naissance qu'à des vers presque universellement voués à une mort prématurée, malgré les soins les mieux entendus. Là est pour l'industrie séricicole une des grandes plaies du présent, une des grandes menaces de l'avenir. Ne pouvant plus, faute d'indications suffisantes, produire sur place et par les procédés habituels la graine qui leur est nécessaire, nos éducateurs ont dû chaque année recourir à l'étranger pour s'approvisionner. Ainsi a pris naissance le commerce des graines. Ce commerce, il faut le reconnaître, a rendu au pays un immense service : sans lui, la production des cocons eût été à peu près anéantie en France ; mais il a été trop souvent déshonoré par les fraudes les plus audacieuses, qu'encourageaient d'une part l'apathie inexplicable des victimes, et d'autre part la difficulté de constater le délit. Nous ne possédons pas en effet de moyen assuré pour distinguer la mauvaise graine de la bonne, celle qui est infectée de

---

[1] On trouvera dans les deux ouvrages que je viens de rappeler tous les faits nécessaires pour justifier les prescriptions qui précèdent et l'exposé des moyens à prendre pour les remplacer. Au reste, la plupart des traités de sériciculture renferment sur toutes ces questions d'excellents préceptes, et je citerai en particulier à ce point de vue le *Manuel* de M. Robinet, dont je n'ai souvent eu qu'à reproduire les idées.

celle qui ne l'est pas. Les efforts tentés dans cette direction par MM. Vittadini et Cornalia en Lombardie, par MM. d'Arbalestier, Kaufmann et Mitifiot en France, n'ont encore produit que des résultats auxquels manque la sanction de l'expérience. Peut-être la prochaine campagne nous apportera-t-elle la solution de ce difficile problème. En attendant, la justice, privée des moyens d'investigation nécessaires, désarmée peut-être, dans certains cas, par quelque lacune de la législation, a laissé passer sans sévir bien des attentats. Et pourtant ceux-ci sont d'autant plus coupables qu'ils frappent à la fois le présent et l'avenir, l'individu et la société. Un sériciculteur qui achète de la mauvaise graine perd non-seulement l'argent qu'il débourse, mais encore celui qu'il dépensera pour une récolte frappée d'avance de stérilité ; par suite, pour alimenter ses manufactures, la France sera obligée d'aller acheter au dehors les cocons qu'elle n'aura pas produits. A ce point de vue, on peut dire que la déloyauté du commerce des graines a coûté au pays, depuis dix ans, quelques centaines de millions [1].

[1] Dans mes *Recherches sur les maladies du ver à soie*, en parlant des fraudes qui se commettent dans le commerce des graines, j'ai signalé, — sans la nommer toutefois, — une maison des plus considérables d'Annonay qui, en 1857, acheta les graines confectionnées par les délégués du comice de Ganges et revendues par ces derniers comme ne pouvant donner de bonnes récoltes. Le chef de cette maison, dans une lettre en date du 23 mars 1860, reconnaît que le fait est exact ; mais il ajoute que sa maison a refusé de recevoir ces graines comme ayant été acquises par un moyen en con-

Ce commerce, fût-il resté honnête partout et toujours, ne frappe pas moins les sériciculteurs d'un impôt bien lourd, qui vient s'ajouter à leur détresse, déjà si grande. En effet, la France consommait annuellement, en temps normal, environ 33,000 kilos d'œufs de vers à soie, représentant au prix d'alors tout au plus 4 millions. De plus, dans tous les pays vraiment séricicoles, chaque éducateur faisait lui-même sa graine, qui ne lui coûtait ainsi que quelques livres de cocons. Aujourd'hui, et depuis que l'épidémie s'est répandue, il faut qu'il achète des graines au dehors et les paye argent comptant. Pour multiplier ses chances, il en prend de diverses provenances, et double ou triple l'approvisionnement qui lui serait nécessaire. Ainsi s'est accrue chaque année la consommation de la graine, dont le prix a haussé dans la même proportion. En 1858, les sériciculteurs ont acheté au moins de 55 à 60,000 kilogrammes d'œufs, payés par eux de 26 à 28 millions [1]. Ce chiffre

tradition avec les instructions formelles transmises à son agent de Messine, et qu'à la suite d'un procès poursuivi jusqu'en cour d'appel elle a obtenu gain de cause. — Je saisis avec empressement l'occasion qui se présente pour renvoyer à qui de droit la responsabilité de ce qui s'est passé à Messine et pour reconnaître que les négociants d'Annonay se sont conduits dans cette circonstance comme doit le faire tout homme de conscience.

[1] Ce chiffre est plus élevé que celui que j'ai donné dans mes *Études* et dans le *Rapport* fait au nom de la Sous-Commission. J'ai dû le corriger par suite des renseignements recueillis en 1859 auprès de diverses personnes et en particulier auprès de M. Gagnat, un des sériciculteurs les plus distingués de l'Ardèche et auteur de plusieurs écrits intéressants sur les questions séricicoles.

égale, s'il ne le surpasse, le gain net des producteurs. Ceux-ci, considérés dans leur ensemble, ont donc travaillé pour rien, ou même à perte. Les marchands de graine seuls ont bénéficié.

Cette considération devrait suffire pour engager les sériciculteurs à tout tenter pour se *remettre en graine*. Il en est une autre, plus sérieuse peut-être, qu'ils devraient avoir sans cesse présente à l'esprit. Chaque année, nous l'avons déjà dit, le mal envahit quelque région nouvelle; chaque année la Turquie, l'Asie Mineure, qui ont pour la plus forte part approvisionné nos marchés depuis quelque temps, peuvent être frappées à leur tour. Alors où irons-nous chercher ces graines que déjà nous payons si cher? Sera-ce dans l'Inde? Sera-ce en Chine? Mais on assure que déjà le mal s'est montré dans ces régions, et, s'il n'y est pas encore aujourd'hui, tout amène à conclure qu'il les atteindra tôt ou tard. Faudra-t-il donc alors renoncer à la sériciculture et donner raison aux prophètes de malheur qui ont annoncé la fin prochaine de cette industrie et se sont mis à arracher leurs mûriers?

Dès ma première campagne, j'ai combattu ces conclusions désolantes. Dès cette époque j'ai montré, en m'appuyant sur l'observation, sur l'expérience, que jusque dans les localités les plus éprouvées il était possible d'élever des vers capables de se reproduire pendant un nombre indéterminé de générations. Tout ce que j'ai vu en 1859 n'a fait que fortifier mes convictions. Quelque général et universel que soit le mal dans les grandes

chambrées industrielles, il n'en respecte pas moins
à des degrés divers les *petites éducations*. J'en ai
rencontré qui, faites dans des conditions très mau-
vaises, s'étaient cependant maintenues pendant
quatre et cinq années de suite. Le degré d'immunité dont elles jouissent est d'ailleurs presque ri-
goureusement en rapport direct avec leur petitesse.
Il n'y a dans ce fait rien qui doive nous surprendre ;
ce n'est que la manifestation chez les vers à soie
d'une de ces lois générales qui régissent tous les
êtres vivants, depuis les derniers animaux jusqu'à
l'homme lui-même. Depuis longtemps les médecins
ont placé l'encombrement, l'agglomération d'un
grand nombre d'individus au nombre des causes
les plus propres à accroître la mortalité. Il en est
exactement de même chez nos insectes. En temps
normal, toutes choses égales d'ailleurs, dans une
chambrée moyenne de 250 à 300 grammes de
graine, il meurt au moins un dixième de vers de
plus que dans une petite chambrée de 25 à 50
grammes. En temps d'épidémie, on comprend
combien cette différence doit être plus marquée.

L'impossibilité du grainage indigène n'existe, à
proprement parler, que pour les éducations industrielles. En réduisant considérablement le nombre
des vers, en les élevant d'une manière strictement
hygiénique, souvent en leur épargnant des soins
plus dangereux qu'utiles [1], on peut parfaitement

---

[1] On trouvera dans mes *Nouvelles Recherches* des faits précis,
d'où il résulte que l'*amélioration* des procédés d'élevage s'opérera
surtout peut-être par la *simplification* des procédés. C'est à ce double

obtenir de la bonne graine jusque dans les localités les plus violemment frappées par le fléau. C'est là ce que démontrent bien des faits recueillis par la Commission de l'Académie des Sciences; c'est là ce que mettent hors de doute les expériences si concluantes de Madame de Lapeyrouse (du Vigan). Ses vers, élevés à la turque, sur des rameaux, presque sans feu, ont admirablement prospéré en 1858; la graine pondue par ses papillons a parfaitement réussi en 1859, soit chez elle, soit chez les sériciculteurs qui se l'étaient partagée. Les vers hâtifs provenant de la graine obtenue dans cette dernière éducation ont permis de faire, en été et en automne, deux petites récoltes successives, qui garantissent un nouveau succès pour 1860. Que les éducateurs suivent donc l'exemple de Madame de Lapeyrouse, que chacun d'eux fasse sa *très petite éducation* de cinq à dix grammes *au plus*, exclusivement consacrée à la production des œufs; ils pourront se passer des marchands de graine.

Je donne ce conseil avec d'autant plus de confiance, que l'épidémie semble enfin perdre de sa force. Dans ma campagne de 1859, j'ai constaté des signes marqués d'amélioration relativement à 1858, et cela aux environs d'Avignon et à Cavaillon, aussi bien que sur certains points des

point de vue que j'ai insisté sur les avantages que présente l'*élevage à la turque*. Mon mémoire était imprimé lorsque M. Dufour, ancien député du commerce français à Constantinople, a bien voulu me communiquer un travail qui sera bientôt publié et qui confirme de tout point ce que je dis à ce sujet.

Cévennes et de l'Ardèche. Le mal paraît donc diminuer là même où il a pris naissance, et où par conséquent l'ensemble des conditions se prête le plus à son développement. On peut d'autant mieux espérer qu'il ne tardera pas à fléchir sérieusement là où il n'a été qu'importé, où les conditions générales sont manifestement meilleures. Les éleveurs de petites éducations auront donc certainement sous peu, et sans doute dès cette année, un grand avantage sur Madame de Lapeyrouse, qui opérait en 1858 au plus fort de l'épidémie.

Quant aux règles à suivre dans ces éducations, et que j'ai formulées dans un rapport spécial[1], elles résultent tout autant de la pratique et de l'expérience des autres que de mes propres recherches. Elles ne sont d'ailleurs ni étranges ni difficiles à suivre. On peut les ramener à deux points fondamentaux : se conformer strictement aux prescriptions de l'hygiène pendant l'élevage, reconnaître et éliminer avec soin tout ver, tout papillon impropre à donner de la bonne graine. Un simple examen à la loupe, fait par un œil un peu exercé, permet de remplir cette dernière indication. Les taches dont j'ai parlé plus haut trahiront les insectes

---

[1] La méthode des petites éducations exclusivement destinées au grainage est pratiquée, depuis plus d'un siècle, dans le petit vallon où je suis né, par la famille Salles (du Valdayron). Elle a été fortement recommandée par divers auteurs et surtout par M. Dumas, dans le *Rapport* déjà cité. J'ai moi-même insisté sur le même sujet en précisant plus qu'on ne l'avait fait auparavant les conditions spéciales de ces sortes d'éducations (*Etudes; Note sur les très petites éducations destinées au grainage* dans les *Comptes rendus*, 1859.)

qui transmettraient à leur postérité le germe de la maladie. L'isolement des femelles, la ponte solitaire empruntée aux procédés de M. Mitifiot, compléteront utilement cet ensemble de pratiques, grâce auxquelles il est *certainement* possible à notre industrie séricicole d'échapper à l'impôt que prélève sur elle le commerce des graines et de braver les sinistres éventualités de l'avenir.

Toutefois, qu'on ne s'exagère pas le sens de mes paroles. Je ne prétends pas garantir à quiconque suivra, même le plus strictement possible, les indications dont je parle, un succès assuré et constant. Je regarde même comme inévitable un certain nombre d'échecs individuels; mais j'ai la ferme conviction qu'ils seront en très petit nombre, et d'ailleurs il existe un moyen bien simple d'y remédier. Au lieu de rester isolés, comme ils ne sont que trop portés à le faire, que les sériciculteurs s'associent; qu'il se forme partout de petits groupes de cinq ou six propriétaires, se garantissant réciproquement leur provision d'œufs; que chacun d'eux élève deux ou trois petites *chambrées pour graine* [1]. La très grande majorité de ces éducations, faites avec des œufs des provenances les plus sûres, réussira certainement, et le rendement suffira et au delà pour approvisionner les sociétaires. Que ces associations se multiplient, et dans peu

---

[1] Pour ces associations que je conseille aux éducateurs, voir surtout mes *Nouvelles Recherches*. Voir aussi le *Rapport* adressé par M. Kaufmann au ministre de l'agriculture, et où il propose la formation d'un *Société générale d'encouragement*.

d'années , — j'en ai la ferme conviction , — la France se sera *remise en graine*. Alors, si le fléau continue à se comporter comme toutes les épidémies, si, à mesure qu'il s'éteindra chez nous, il pèse plus lourdement sur les contrées récemment envahies, nous pourrons réparer une partie de nos pertes et faire rentrer quelques-uns des millions exportés, en vendant de la graine aux pays qui nous en envoient depuis dix ans.

Puisse cette perspective secouer un peu l'étrange apathie que je n'ai que trop constatée chez l'immense majorité de nos sériciculteurs! Puissent-ils comprendre que la crise actuelle doit leur apporter des enseignements, et qu'ils peuvent faire sortir un bien réel de ce mal sous lequel ils se laissent accabler! Leurs méthodes d'éducation sont manifestement vicieuses; elles ont grandement aidé à la propagation, à la persistance de l'épidémie; elles en ont centuplé les ravages. Qu'ils y renoncent donc au plus vite; qu'ils acceptent une bonne fois des conseils dictés, non pas seulement par une science dont ils se méfient à tort, mais avant tout par le bon sens, par la pratique, par l'expérience. Au lieu de suivre une aveugle routine et de se laisser engourdir par les malheurs qu'elle entraîne, qu'ils aillent à l'école des Berthezène , des Marès, des David de Beauregard! Ces *praticiens* leur apprendront comment, en dépit de la pébrine et de son formidable cortége, il a été possible, pendant les dix années qui viennent de s'écouler, d'obtenir des récoltes largement rémunératrices, dans le bassin du Vigan, en pleines Cévennes, comme à Launac, au pied de la Gardiole, et à Sainte-Eulalie, au milieu des collines d'Hyères[1].

Pour qui saura les comprendre, ces leçons porteront des fruits immédiats. L'épidémie entre certainement dans une période de décroissance; mais *le mal vient vite et s'en va lentement;* on doit s'attendre à des recrudescences comme on en voit en temps de choléra, et l'influence de la pébrine sera peut-être longtemps encore assez puissante pour punir cruellement quiconque transgressera les règles si simples de l'hygiène. Pour profiter du mieux relatif qui commence à poindre dans l'état sanitaire de nos chambrées, il faut accepter ces règles dans toute leur étendue, dans toutes leurs conséquences. A ceux qui agiront ainsi, je puis sûrement promettre dès à présent des récoltes qui les récompenseront de leurs efforts.

Ces leçons seront bien plus profitables encore dans l'avenir. Si elles sont entendues, on ne verra plus des insensés arracher leurs mûriers et tuer ainsi la poule aux œufs d'or, parce qu'elle se repose et cesse de pondre momentanément. L'épidémie une fois passée, ces arbres se retrouveront debout, prêts à répandre autour d'eux, comme par le passé, le bien-être et l'aisance. Instruits par les lut-

---

[1] Dans les deux mémoires que j'ai cités peut-être un peu trop souvent, on trouvera des renseignements sur le mode d'élevage adopté par ces habiles *praticiens*. Dans mes *Nouvelles Recherches*, en particulier, j'ai donné quelques détails sur la magnanerie de Sainte-Eulalie, qui mieux qu'aucune autre réalise les conditions les plus propres à assurer l'hygiène des vers à soie.

tes actuelles, les sériciculteurs sauront mieux élever les vers à soie, et des récoltes plus abondantes
et moins coûteuses répareront promptement les pertes des dix dernières années. Un moment arrêté, le
développement de la sériciculture reprendra sa
marche progressive. Nos belles races, bientôt ré-
formées, retrouveront leur supériorité incontestée;
l'industrie des pépinières, de nouveau florissante,
enverra ses produits dans le sud-ouest, l'ouest, le
centre et jusque dans le nord de la France, et dans
un demi-siècle notre pays, rivalisant enfin avec
l'Italie pour la production des cocons, alimentera
à peu près seul nos manufactures de plus en plus
productives.

Paris. — Typographie de Ch. Meyrueis et Cie, rue des Grès, 11.

9 782329 238289